AF603589

GÉOLOGIE DES CORBIÈRES.

PARIS. — IMPRIMERIE DE COSSON, RUE DU FOUR SAINT-GERMAIN, 43.

RÉSUMÉ DUN ESSAI

SUR

LA GÉOLOGIE DES CORBIÈRES

Communiqué à la Société philomatique le 14 juillet 1855,

PAR

A. D'ARCHIAC.

Extrait du Journal l'INSTITUT [illegible] 12 septembre 1855

PARIS,
IMPRIMERIE DE COSSON,
Rue du Four-St-Germain, 43.

1855.

RÉSUMÉ D'UN ESSAI

SUR

LA GÉOLOGIE DES CORBIÈRES. (1)

La surface comprise dans notre travail est assez nettement limitée à l'est par la côte de la Méditerranée, de l'embouchure de l'Aude à celle de l'Agly, au nord par le cours de l'Aude jusqu'à Carcassone, et à l'ouest par la vallée de cette même rivière, de Limoux à Axat. Au sud la limite n'est plus tracée par un bassin hydrographique, la disposition des cours d'eau ne s'accordant pas avec les caractères orographiques du pays ; mais elle est bien indiquée par la chaîne de montagnes qui, commençant près de Peyrestortes à s'élever de dessous la plaine quaternaire de Rivesaltes, se dirige à l'ouest en passant par Estagel, puis au sud de Saint-Paul, de Caudiès et de Quillan, pour se prolonger vers Bellesta.

Déjà M. Dufrénoy, dans des mémoires spéciaux et sur la carte géologique de la France, avait parfaitement tracé les caractères généraux de ce pays, et MM. Tournal, Vène, Bouis, Marcel de Serres, Leymerie, Tallavignes, Rolland du Roquan et Raulin avaient décrit plusieurs parties de cet ensemble ; mais nous avons pensé qu'il serait utile de coordonner, par de nouvelles observations, les faits déjà connus, en essayant de les classer d'une manière plus méthodique qu'on ne l'avait encore fait, d'y joindre des

(1) Quelques corrections ont été faites dans le tirage à part de ce *résumé* qui avait été publié dans le journal *l'Institut* pendant l'absence de l'auteur.

considérations orographiques négligées jusque-là et propres à faciliter l'intelligence complète des données géologiques, enfin de déterminer plusieurs horizons paléontologiques dont les rapports étaient restés douteux.

La surface indiquée ci-dessus qui forme un quadrilatere à côtés inégaux et un peu irréguliers, d'environ 200 lieues carrées, est essentiellement montagneuse, et sa portion centrale est souvent désignée sous le nom de *montagnes des Corbières;* mais cette dénomination n'a point de sens précis, elle ne s'applique d'une manière absolue à aucun massif en particulier, et comme ceux-ci sont assez nombreux, indépendants et appartiennent à des terrains d'âges fort différents, il était impossible de conserver cette expression pour une description un peu détaillée ; aussi ne l'avons-nous employée que comme titre général comprenant l'ensemble des montagnes dont nous nous sommes plus particulièrement occupé. On a quelquefois aussi compris sous le nom de *Hautes-Corbières* le massif de Monthoumet, celui des environs de Tuchan et la chaîne complexe dont le pic de Bugarach n'est qu'un appendice ; puis sous celui de *Basses-Corbières* les montagnes des environs de la Grasse, le mont Alaric, etc. ; mais cette division incomplète et tout à fait arbitraire ne répond nullement aux exigences de la géologie.

A l'exception des dépôts modernes et quaternaires, les couches des autres terrains ont été plus ou moins disloquées, de sorte qu'aucune d'elles ne se présente actuellement dans sa position première. Dans les terrains tertiaire et secondaire ces dislocations, à peu d'exceptions près, n'ont donné lieu qu'à des vallées et à des montagnes monoclinales. On n'y remarque que deux ou trois exemples de montagnes à pentes anticlinales et point de vallées synclinales proprement dites. La surface de ce pays peut être comparée à celle d'un parquet dont les feuilles auraient été plus ou moins dérangées en tournant sur un de leurs côtés comme charnière. On remarque peu de lignes de direction principales ou dominantes, si ce n'est dans la partie sud, et l'angle plus ou moins ouvert qu'affectent les divers systèmes de couches par rapport à l'horizon, combiné avec leurs caractères pétrographiques, détermine les formes extérieures de chaque massif montagneux.

La plupart de ceux-ci ne portent point de noms particuliers, et chaque portion d'une même chaîne comprise dans le territoire d'une commune est désignée par le nom de cette dernière ou bien par le simple mot de la *montagne* par opposition à celui de la *garrigue* que les habitants appliquent particulièrement aux plaines. Un pareil morcellement de dénomination a pu sans inconvénient être employé dans les opérations du cadastre, mais il n'en serait pas de même dans une description physique et naturelle. D'autres dénominations telles que celles de mont Tauch, de pic de Bugarach, de roc de Bitrague, etc., ne s'appliquant qu'à des montagnes isolées, souvent en dehors des chaînes, ne pouvaient pas davantage servir à désigner ces dernières ; aussi leur avons-nous assigné des noms particuliers toutes les fois qu'elles n'en avaient pas encore reçu soit sur les cartes soit dans le pays.

§ 1. OROGRAPHIE DES CORBIÈRES.

Nous énumérerons comme il suit, et en allant du nord au sud, les divers massifs montagneux dont l'ensemble constitue pour nous les *Corbières*.

1° *Montagnes de la Clape.* Ce massif, complétement isolé, court du N. 35° E., au S. 35° O. parallèlement à la côte. Il a 20 kilomètres de long sur 10 dans sa plus grande largeur vers le nord, et son altitude ne dépasse pas 200 mètres. Il est borné à l'est par la mer, au nord par le delta de l'Aude, à l'ouest par la plaine quaternaire de Narbonne, au sud par l'étang de Gruissan. L'aspect général de son relief est celui d'un dôme elliptique très surbaissé. Sa surface, peu accidentée dans sa partie septentrionale, offre au contraire vers le centre et le sud des fentes ou gorges profondes, à parois verticales qui en rendent l'accès difficile. Une crête rocheuse discontinue, flexueuse, un peu plus élevée que le reste de la surface, s'étend du N.-E. au S.-O., de Saint-Pierre de Mer à la chapelle de Notre-Dame des Auzils.

Aucun cours d'eau permanent ne descend de la Clape. Quelques sources, peu abondantes, sourdent à la jonction de la nappe calcaire qui constitue son revêtement extérieur et des marnes ou calcaires marneux qui la supportent. Par suite de sa complète inaltérabilité, la surface de cette nappe épaisse est sèche, stérile, et donne à cette petite région naturelle un aspect triste et sauvage. Son isolement et la forme toute particulière de ses courbes surbaissées, terminées par des arêtes verticales, la font distinguer aisément à une grande distance. Les portions cultivées et de rares métairies sont situées sur les pentes inférieures du pourtour, ou vers le fond de quelques vallons intérieurs, là où la nature de la roche a permis la formation d'un sol arable.

La presqu'île qui porte le bourg de Gruissan se rattache à la Clape, et l'île de Saint-Martin, assez étendue et en partie cultivée, doit être regardée comme en faisant également partie, tant par son relief que par sa constitution géologique.

2° *Chaîne de Fontfroide.* On peut désigner, sous le nom de l'ancienne abbaye de Fontfroide, située dans une de ses gorges les plus profondes, la chaîne de montagnes dirigée comme la Clape N. 35° E., à S. 35° O., qui s'élève de la plaine au sud-ouest de Narbonne, pour se terminer à Sals, au nord-ouest de Durban, le long de la rive gauche de la Berre, avec une longueur d'environ 35 kilomètres. Cette chaîne diffère essentiellement de la précédente. Ses formes sont plus accentuées, ses crêtes plus anguleuses ; sa ligne de faîte, simple ou multiple, offre des arêtes plus vives, elle est aussi plus élevée et ses ramifications s'étendent au nord, sur la rive droite de l'Ausson, par Quilhanet, Bizanet et les environs de Montredon, de part et d'autre des routes de Narbonne à Lézignan et à la Grasse. On peut rattacher encore à ce massif la ligne de partage secondaire qui s'étend de Fontjoncouze à Thézan.

La plaine ondulée, souvent fort étroite, qui occupe le faîte de la chaîne de Fontfroide, parfois réduite à un simple dos d'âne plus ou moins arrondi, s'étend de la métairie de la Grange-Neuve par celle de la Quille à l'extrémité sud des bois de Fontfroide. Interrompue par la fente étroite, à parois verticales, où coule le torrent des moulins de Fontjoncouze, on peut considérer que la chaîne se prolonge, par le grand escarpement de l'ermitage de Saint-Victor, jusqu'au massif d'où descendent le Rabe, le ruisseau d'Albas et plusieurs petits cours d'eau qui se réunissent à la Berre sur sa rive gauche. Le profil de sa partie centrale peut être représenté par la section d'un tronc de cône faite suivant son axe et dont les arêtes seraient composées de plusieurs plans.

L'aspect de cette chaîne est beaucoup moins âpre et moins monotone que celui de la Clape. Elle présente sur plusieurs points des bois, assez clair-semés à la vérité, mais qui, avec les portions cultivées, contribuent aussi à la rendre moins triste à l'œil. D'assez nombreux cours d'eau prennent leurs sources sur son versant occidental, se réunissant à l'Ausson pour se jeter dans l'Orbieu. Au nord le Vieret descend du plateau de la Quille pour joindre la Roubine au-dessous de Narbonne, et de son versant oriental de petits ruisseaux se rendent aux étangs de Bages et de Sigean.

3° *Montagnes de Boutenac.* Un petit système de collines qui fait avec le précédent un angle de 35° à 40°, s'étendant de l'E.-N.-E. à l'O.-S.-O., d'Auterive à Villerouge, par Boutenac, sur une longueur de 10 à 11 kilomètres, est en partie composé des mêmes roches, et présente des caractères assez analogues quoique sur une échelle moindre. Quelques cours d'eau peu importants y prennent naissance au nord et se réunissent à l'Orbieu. Les collines de Boutenac sont ainsi comprises entre cette dernière rivière, le Rabe et l'Ausson.

4° *Chaîne d'Alaric.* Le massif dont la montagne d'Alaric constitue la partie principale et comme le noyau est dirigé de l'O.-N.-O. à l'E.-S.-E., sur une longueur de 20 kilomètres et une largeur de 6 à 7. Il est compris entre la route de Lézignan à Carcassonne au nord, la vallée de la Bretonne à l'ouest, celles des Mattes et de l'Orbieu au sud et à l'est.

La montagne d'Alaric, qui en occupe le milieu, peut être représentée par une section de cylindre faite parallèlement à l'axe et qui aurait été fracturée sur quelques points de sa longueur. Elle atteint 602 mètres d'altitude dans sa partie orientale et elle est limitée, sur presque tout son pourtour, par une sorte de fossé profond qui sépare le revêtement de calcaires blanchâtres de la montagne des marnes et des calcaires bleuâtres qui l'environnent. A son extrémité occidentale les calcaires s'abaissent doucement pour s'enfoncer sous ces dernières autour de Monze, tandis qu'à l'extrémité opposée, entre Mous et Camplong, une coupe ou brisure naturelle, oblique à l'axe du demi-cylindre, vient dévoiler complétement sa constitution géologique intérieure. La grande voûte que forme ainsi la montagne d'Alaric offre un exemple remarquable de soulèvement normal simple. Sa surface est nue et stérile, excepté dans quelques anfractuosités, comme à la métairie de Saint-Jean, où les couches marneuses et sableuses inférieures aux calcaires ont été amenées au jour.

5° *Montagnes de la Grasse.* Entre la chaîne d'Alaric au nord, la rivière du Rabe à l'est, la vallée de l'Aude à l'ouest et le massif montagneux que nous désignerons par le nom du village de Monthoumet qui se trouve à peu près à son centre de figure, est une surface occupée par des montagnes qui n'affectent ni relief ni direction générale bien prononcés. Elles n'atteignent pas non plus une grande élévation, si ce n'est vers le sud (montagne de la Campe), et à l'ouest (cirque semi-elliptique de Fajac). Les environs de la Grasse sont un des points les plus intéressants de cette surface, qui peut être désignée par le nom de cette ville, bien qu'elle ne soit pas située tout à fait au centre.

Le relief et les contours de ces montagnes varient suivant les systèmes de couches qui les constituent et qui impriment à chacunes d'elles un caractère particulier en rapport avec cette composition. Les couches plus ou moins redressées plongent dans toutes les directions et sous des angles divers ; aussi est-ce particulièrement à cette région que peut s'appliquer la comparaison faite ci-dessus des feuilles d'un parquet qui ayant tourné sur un de leurs côtés comme charnière, tantôt dans un sens tantôt dans un autre, n'auraient produit que des vallées et des collines à une seule inclinaison.

Sous le rapport hydrographique cette surface si accidentée se divise en deux bassins : l'un à l'est est celui de l'Orbieu, qui la traverse du S.-O. au N.-E. et qui reçoit l'Alsou, la Fourques et le Rabe ; l'autre à l'ouest est celui du Lauquet, réunissant les eaux de la Baris, de la Gumel, de la Lauzeille et de la Lanquete, pour se jeter dans l'Aude à Couffoulens. Quelques autres cours d'eau moins importants rejoignent directement cette dernière rivière.

6° *Montagnes de Monthoumet*. Les montagnes de transition qui forment une zône de 46 kilomètres de long sur 12 de largeur moyenne, depuis la petite rivière de Saint-Jean de Barrou à l'est jusque sur la rive gauche de l'Aude, au nord d'Alet et la rive gauche de la Sals au nord des bains de Rennes, laissant entre ces deux derniers points une baie profonde occupée par le groupe tertiaire inférieur, peuvent être regardées comme distinctes de toutes les autres, aussi bien par leurs caractères orographiques que par leur ancienneté. Vues d'un point élevé, elles offrent le plus ordinairement l'aspect de cônes arrondis au sommet, à pentes très régulières, souvent assez rapides et couvertes d'une herbe courte et fine formant d'immenses pelouses d'une uniformité remarquable, particulièrement sur le bord méridional du massif, à la limite du terrain secondaire. Excepté dans les gorges profondes que suivent les cours d'eau, on y observe peu d'escarpements abruptes et de ces crêtes rocheuses si fréquentes et si étendues dans les chaînes tertiaires et secondaires. Le temps semble y avoir effacé ces effets extérieurs du brisement des couches. Le mont Tauch, qui atteint à l'ouest de Tuchan une altitude de 881 mètres, appartient à ce massif.

Un assez grand nombre de cours d'eau y prennent leurs sources, tels sont la Rialsesse à l'ouest, plusieurs des petits affluents du cours supérieur de l'Orbieu, la Berre à l'est, et au sud la Vialette et un affluent du Verdouble qui a son origine au-dessus de Palairax. Le village de Monthoumet, situé à peu près au centre de figure de cette zône montagneuse, peut très convenablement lui imposer son nom.

7° *Chaîne de Montpezat*. Le massif de transition, dont on vient de parler, est limité à l'est par une chaîne calcaire qui, de la rive droite de la Berre, entre Gléon et Portel, s'étend au sud-sud est précisément jusqu'à la limite des départements de l'Aude et des Pyrénées-Orientales, projetant, par Roquefort et la Palme, un rameau large et déprimé vers la Nouvelle. Le haut plateau, désigné sous le nom de *Taillis de Montpezat*, en forme la partie principale, et continue, sur la rive droite de la Berre, mais dans une direction différente, les roches de sa rive gauche qui appartiennent à la chaîne de Fontfroide. La longueur de ce massif est de 17 à 18 kilomètres, et sa largeur de 7 à 8. Entre Fraisse et Montpezat sa coupe transverse serait celle d'un tronc de cône. Vers le sud, les arêtes supérieures sont plus prononcées, et vers l'est le plateau qui s'abaisse est très ramifié. On y remarque les escarpements rocheux et abruptes des environs de Roquefort. Sa surface, autrefois couverte de bois assez peu épais, est aujourd'hui presque complétement nue et aride. Quelques cours d'eau qui en descendent se jettent directement dans les étangs de Leucate, de la Palme et de Sigean.

8° *Chaîne de Perillous et chaînons qui s'y rattachent.* A la limite des départements de l'Aude et des Pyrénées-Orientales, des crêtes calcaires, dirigées presque E.-O. et se recourbant au sud, puis au sud-sud-ouest, se ramifient bientôt, à partir du col de Ladat. Le rameau le plus oriental, qui descend vers Vingrau, où il est momentanément interrompu, reprend bientôt sa direction sud-ouest pour venir se terminer à la tour de Tautavel, le point le plus apparent de tout le pays dans un rayon de 6 à 8 lieues. A l'est de cette crête coudée et jusqu'à la plaine quaternaire de Rivesaltes et au bord de l'étang de Leucate, s'abaisse un vaste plan calcaire, incliné au sud-est, d'une aridité extrême, et dont le seul cours d'eau est le petit ruisseau du Roboul. Deux plaines, semblables à deux oasis au milieu de cette nappe de pierre, en interrompent seules la monotonie : l'une est celle d'Opouls, formant un bassin elliptique à fond plat; l'autre semi-lunaire est occupée par les métairies des Gipières et de Saint-Thouin. Le village de Perillous (Perillos), qui donne son nom à la chaîne, se trouve au pied de la première pente calcaire de la crête est-ouest; le rameau qui court au sud prend le nom de *Rameau de Tautavel*, et le plan incliné oriental celui de *plan d'Opouls et de Fitou.*

Du col de Ladat, sur le parallèle de Tuchan, trois autres ramifications se détachent du tronc principal de Perillous en s'écartant au S.-O. : l'un arqué se dirige vers le Pas del Trou, à l'ouest de Vingrau ; l'autre, partant du col même et du Pech del Ginèvre, se dirige également au S.-O. ; enfin le troisième, que couronnent les ruines imposantes du château d'Aguilard, est beaucoup plus court et se termine à la Mole, aboutissant comme les autres à la petite plaine au sud de Tuchan, sur la rive gauche du Verdouble.

Ces ramifications, à profils triangulaires, de la chaîne de Perillous et du plan d'Opouls, sont l'origine des formes orographiques qui caractérisent la région méridionale des Corbières. Ainsi le versant oriental du chaînon de Tautavel, qui se confond à l'est avec le plan d'Opouls, s'abaisse au sud vers l'Agly; à l'ouest il se continue jusqu'au nord d'Estagel, où il oblige le Verdouble à faire vers l'ouest un coude très prononcé. Il en est de même au delà de cette rivière. Ainsi la montagne de Pasiols à Temaison, celle de la Croix de Lauzines au roc de la Cadrière, la crête de Vidal se trouvent sur le prolongement des bifurcations du col de Ladat et servent de point de départ aux grandes rides que l'on va suivre à l'ouest.

9° *Vallée de Caudiès et de Saint-Paul.* Les territoires de Mauri, de Saint-Paul de Fenouillet et de Caudiès occupent une large vallée, à surface ondulée, dirigée E., O. et bordée par deux crêtes montagneuses abruptes; l'une au nord, désignée sous le nom de *chaîne de Saint-Antoine de Galamus*, d'après l'ermitage de ce nom situé au nord-ouest de Saint-Paul vers le milieu de sa louguer; l'autre au sud, qui est la *chaîne de Lesquerde et d'Ayguebonne*, nom tiré des deux villages le plus rapprochés de sa ligne de faîte, au sud-est de Saint-Paul et au sud de Caudiès. La grande vallée ainsi limitée est à double pente, par suite d'une ligne de partage qui la coupe transversalement du N au S. à l'est de Saint-Paul, et d'où part la petite rivière de Mauri, qui parcourt sa partie orientale jusqu'à sa jonction avec l'Agly près d'Estagel. Dans sa portion occidentale, la Boulsanne descend du roc de l'Escales au midi de Montfort, la suit en tournant à l'est au-dessous de Puylaurens, passe à Caudiès et se jette dans l'Agly au sud de Saint-Paul. L'Agly, au contraire, qui prend sa source assez loin au nord de la chaîne de Saint-Antoine, traverse perpendiculairement cette chaîne et celle de Lesquerde par deux fentes étroites, à parois verticales ou surplombantes, de 250 à 300 mètres de hauteur; puis, continuant son cours capricieux au S.-E. et à l'E. par la Tour-de-France et Estagel, coule, au-dessous de cette ville, entre deux chaînons calcaires indiqués ci-dessus. Enfin, après avoir arrosé la plaine de Rivesaltes, elle atteint la côte, où souvent, vers le milieu de l'été, elle est à peine représentée par un mince filet d'eau.

10° *Chaîne de Saint-Antoine de Galamus.* Les deux chaînes qui limitent au nord et au sud la vallée de Caudiès et de Saint-Paul, identiques par leur composition, leur structure et leur relief, diffèrent, par tous leurs caractères, de la plaine ondulée qui les sépare, et le contraste qui en résulte donne au paysage un attrait particulier qui frappe le voyageur le moins attentif.

A partir du château de Queribus ou mieux de la Croix de Lauzines au sud de Pasiols, la chaîne septentrionale forme une muraille légèrement inclinée au S., dirigée à l'O., passant à l'ermitage de Saint-Antoine au-dessus de la brisure que traverse l'Agly et se prolongeant par le plateau élevé de Malabrac. Elle se déprime au col de Saint-Louis, se relève pour constituer les grands escarpements de la forêt de Fanges, est coupée par le défilé de Pierre-Lis que parcourt l'Aude et limite au sud le bassin de Quillan. Dans toute cette étendue, qui est de plus de 50 kilomètres, la direction est exactement E.-O., excepté vers l'extrémité occidentale où un rameau fort important se relève au nord ouest; mais on peut considérer encore le long escarpement de Quirbajou qui suit la Rebenti comme en étant la continuation réelle.

Cette chaîne, dont les pentes sont tellement abruptes qu'excepté au col de Saint-Louis elle ne peut être traversée, même avec des mulets, que sur très peu de points, n'a que 2 à 3 kilomètres de largeur et souvent moins. Sa crête et sa pente méridionale sont formées par un seul système de couches calcaires plongeant au S. sous un angle très ouvert, et sa pente nord, par les têtes de ces mêmes couches et l'affleurement de l'étage immédiatement sous-jacent. Elle ne donne naissance à aucun cours d'eau par suite de cette disposition, si ce n'est tout à fait à sa base, d'où s'échappent quelques sources.

A cette chaîne si simple et si nettement limitée sur son versant sud vient se rattacher au nord de nombreux et importants appendices qui doivent être étudiés avec soin, car ils entrent pour beaucoup dans les caractères extérieurs du pays qui s'étend jusqu'à la partie sud des montagnes de Monthoumet. Ainsi, la crête rocheuse qui, partant du château de Pierre-Pertuse au nord-ouest de Duilhac, se termine à l'ouest par le roc de Soulatge, se redresse avec une grande hardiesse, et l'on remarque à son extrémité occidentale une portion de couches repliées à angle droit. Quelques autres plissements moins prononcés s'observent encore dans le reste de cette immense écharpe dentelée. Le roc de Cubières, qui fait face à celui de Soulatge, se rattache par sa base au massif même de Saint-Antoine de Galamus.

A l'ouest du défilé de l'Agly, avant d'atteindre le plateau de Malabrac, la chaîne se dédouble, et une crête rocheuse, se dirigeant au N.-N.-O., vient se terminer au pic de Bugarach. Ce massif isolé s'élève brusquement au-dessus de la plaine qui l'entoure au nord et du ravin de Lauzadel à l'ouest, jusqu'à une altitude de 1231 mètres. C'est le point culminant de toute la région des Corbières, et ses formes anguleuses et heurtées, sa cime nue et coupée presque carrément, jointes à sa position, lui donnent un aspect fort imposant et tout à fait particulier, quels que soient le côté et la distance d'où on l'aperçoive.

De son sommet la vue embrasse un horizon qui, dans certaines directions, n'a pas moins de 40 lieues de rayon, et l'on peut bien juger de la disposition des crêtes calcaires parallèles qui l'avoisinent. On distingue, en effet, vers l'ouest jusqu'à la plaine de Caudiès, quatre de ces rides qui appartiennent à la chaîne de Saint-Antoine, et au delà deux qui dépendent de la chaîne de Lesquerde et d'Aygueboune. Ces crêtes sont plus ou moins élevées et tranchantes. Les plus hautes sont comprises entre le méridien de Quillan et celui de Caudiès; à l'est elles ont moins de relief, mais leur *rectilignité* est toujours extrêmement remarquable. On peut reconnaître, à partir de la chaîne principale et en allant au nord, la crête de Saint-Julia à Saint-Louis, celle de Saint-Just au Petit-Parau, la montagne de Saint-Féréol et celle qui s'étend de Bezu à la métairie du Mas avec le massif de la Falconnière. Les couches de ces quatre crêtes plongent invariablement au S., et jamais la comparaison que l'on a souvent faite d'une surface montagneuse vue d'un point élevé, avec celle d'une mer houleuse n'a été plus exacte qu'ici, où ces rides apparaissent comme d'immenses vagues qui se rapprocheraient ensemble et parallèlement du rivage situé au nord. Le pic de Bugarach est une anomalie à cette régularité, anomalie dont on peut trouver la cause dans la constitution géologique du pays et les dislocations qu'il a subies. Enfin, une cinquième crête, peu prononcée mais continue, placée en avant de la base septentrionale du pic, ne paraît pas avoir été dérangée par son soulèvement.

Ces diverses crêtes calcaires ont toujours un relief qui les fait reconnaître à une très grande distance, aussi bien que leur teinte claire, leurs surfaces presque dépourvues de végétation, leurs escarpements abruptes, souvent subverticaux tournés vers le N. et couronnant des talus assez réguliers et moins arides. De leur base naissent plusieurs rivières, telles que les deux sources occidentales de l'Agly, au pied oriental du pic de Bugarach, le ruisseau de Lauzadel et plusieurs autres sur son versant ouest Quelques-uns descendent des rides de Saint-Just, de Saint-Louis, de la forêt de Fanges, etc.

11° *Chaînes de Lesquerde et d'Ayguebonne.* Cette série de tronçons alignés parallèlement à la chaîne de Saint-Antoine et présentant absolument les mêmes caractères, commence à s'élever de dessous la plaine de Rivesaltes près de Peyrestortes, longe la rive droite de l'Agly jusqu'à Estagel en passant par l'hermitage de Notre-Dame des Pennes et celui de Saint-Vincent, puis sur la rive gauche, où la portion comprise entre le coude du Verdouble et la rivière de Mauri semble dépendre aussi du rameau sud-ouest de Tautavel. De ce point à Lesquerde ou au défilé de l'Agly, la chaîne éprouve quelques inflexions. mais au delà, jusqu'aux escarpements verticaux que traverse le ruisseau des Adons et aux sites pittoresques des environs de Saint-Pierre et d'Ayguebonne, la chaîne constitue une muraille parfaitement alignée de l'E à l'O. Elle se prolonge de même au delà, malgré les coupures qui livrent passage à la Boulsanne et à l'Aude, et suit la rive droite de la petite rivière de la Rebenti.

12° *Montagnes de Quillan.* Quoique les montagnes qui entourent la petite ville de Quillan dépendent de la chaîne de Saint-Antoine prolongée vers l'O., leur disposition particulière exige une mention spéciale. En effet, à partir du défilé de Pierre-Lis, la chaîne se dirige au N.-O., puis au-dessus de Ginoles se courbe brusquement au N.-E. de manière à faire un angle droit légèrement curviligne avec sa première direction. Un peu au nord de ce pli la grande route de Quillan à Bellesta passe la ligne de faîte. Ce rameau nord-est, d'une longueur égale au précédent, s'abaisse de même pour donner passage à l'Aude, puis se relève à l'Espinet pour cesser peu après. Le troisième côté du triangle subéquilatéral montagneux qui circonscrit le bassin de Quillan, bassin qui n'a d'issue que les deux gorges par lesquelles l'Aude y entre au sud et en sort au nord, est formé par plusieurs montagnes coniques, moins élevées que les précédentes, de teintes sombres ou noirâtres comme tout le fond du bassin, à pentes régulières reliées entre elles par des courbes concaves et dominées par le roc de Bitrague. L'ensemble de ces dernières montagnes rappelle d'une manière frappante l'aspect des volcans anciens et le roc de Bitrague lui-même a dans sa forme la plus grande analogie avec le Puy de Dôme.

13° *Bassin de l'Aude entre Alet et Quillan.* Les montagnes qui bordent la vallée de l'Aude entre Alet et Quillan sont du même âge que celles des environs de la Grasse et de la chaîne d'Alaric, mais elles présentent, dans cette partie du département, des caractères généraux qui les font distinguer de suite des chaînes secondaires dont on vient de parler. Si l'on fait abstraction d'une crête relevée, dirigée au N.-E., passant par Campagne, puis au-dessous de Rennes pour se terminer un peu au delà du pont de Serres, on remarque, s'étendant à l'O. par Nebias et Brenac jusqu'à Bellesta et à l'E. sur les territoires de Granes, de Rennes, de Serres, et de Luc, une série de collines à plateaux, terminées par des arêtes rectilignes, horizontales ou faiblement inclinées, d'une étendue plus ou moins considérable et quelquefois brisées. Ces arêtes limitent des assises de calcaires blancs, coupées verticalement, ou d'autres roches solides qui reposent sur des talus faiblement inclinés de marnes rouges. Entre les villages élevés de Rennes et de Saint-Féréol au sud, comme au nord entre Arques, Peyrole, Veraza, etc., ces alternances se présentent encore sous la forme de grandes vagues venant de l'O. pour expirer contre les couches secondaires ou de transition.

14° *Montagnes des bains de Rennes, de Sougraigne et de Soulatge.* On peut désigner ainsi, faute d'une expression plus simple, les montagnes comprises entre le massif de transition de Monthoumet au nord, les montagnes de Tuchan à l'est, les rides parallèles à la chaîne de Saint-Antoine au sud, et les collines qui bordent la vallée de l'Aude à l'ouest. Ces montagnes, générale-

ment allongées de l'E. à l'O., moins élevées que celles qui les entourent, n'offrent point de caractères bien particuliers, sauf ceux qui résultent de leur composition même. On peut signaler cependant la voûte soulevée de Laferrière, à l'endroit où elle est coupée par la gorge étroite où coule la Sals. Cette voûte se prolonge à l'E.-N.-E. sur la rive gauche du ruisseau salé de Sougraigne. Le sommet de l'escarpement au pied duquel s'échappent les sources salées a tous les caractères des grandes arêtes du sud. Les collines qui entourent les Bains de Rennes, à l'ouest et au sud, sont couronnées par des grès aux formes fantastiques et bizarres, dont l'aspect rappelle celui des grès plus anciens des environs de Fourtou. Quant aux autres montagnes crétacées comprises dans le même espace, elles n'ont rien de particulier au point de vue où on les considère ici, et leur inclinaison générale au S.-S.-O. contribue à l'uniformité de leurs caractères malgré les nombreuses dislocations qu'elles ont subies.

15° *Collines du groupe de la mollasse.* Pour terminer le coup d'œil des caractères physiques de la surface comprise dans ce travail, il reste à mentionner les collines du groupe de la mollasse qui, à l'est, au nord et à l'ouest, l'entoure comme d'une ceinture continue. A l'est, aux environs de Sigean et du Lac, ces collines, à surfaces planes, légèrement inclinées vers la côte, sont terminées par des arêtes rectilignes, se joignant quelquefois à angle droit et par des talus réguliers représentant des ouvrages de fortification. Le plateau qui porte Sigean, vu du sud-ouest, ressemble parfaitement à un grand camp retranché. Plus au nord, sur le flanc oriental de la chaîne de Fontfroide, les collines sont plus élevées, leur relief est plus prononcé et leurs couches sont plus inclinées. Entre la rive droite de l'Aude et la route de Narbonne à Lézignan et Carcassonne, les collines du même âge se font remarquer par leur teinte gris-jaunâtre, leurs contours légèrement arrondis et la faible inclinaison des strates. Autour de Carcassonne et de cette ville à Limoux il en est de même, et leur aspect seul suffit pour les distinguer au premier coup d'œil des reliefs du sol qui appartiennent à des dépôts plus anciens.

§ 2. GÉOLOGIE DES CORBIÈRES

Nous établissons comme il suit le tableau de la série géologique des Corbières.

Terrains.	*Formations.*		*Groupes.*	*Étages.*
Moderne.				
Quaternaire.				
Tertiaire.	moyenne ?		mollasse	
	inférieure.		nummulitique.	1er, 2e, 3e
			d'Alet.	1er, 2e, 3e
Secondaire	crétacée.	supérieure	1er, 2e.	1er, 2e, 3e, 4e
		inférieure.	3e (manque).	
			4e néocom.	1er (manque), 2e, 3e
	jurassique.		lias.	supérieur.
Intermédiaire.	carbonifère (groupe houiller).			
	dévonienne ?			
Primaire ?	Granite.			

Roches ignées (diorites, amygdaloïdes et spilites, basaltes, wackes, etc.)
Roches métamorphiques ou accidentelles., (dolomies, cargnieule, gypse, sel ?)

La disposition relative de ces divers terrains et de leurs subdivisions est on ne peut plus irrégulière ; nulle part les termes de la série ne se succèdent d'une manière normale ou complète, et, considérés sur divers points, ils ne se succèdent pas non plus de la même manière ; en outre, certaines divisions montrent des caractères fort différents lorsqu'on les étudie sur des points même assez rapprochés. On peut résumer comme il suit les principaux caractères et la distribution générale des groupes et des étages tertiaires et secondaires compris dans ce tableau. Notre travail définitif contiendra la description détaillée des roches, de leur stratification, de leurs fossiles, de leurs divers accidents et les vues théoriques qu'on en peut déduire. Une carte géologique et de nombreuses coupes sont destinées à compléter le texte.

GROUPE DE LA MOLLASSE. Nous désignons provisoirement ainsi les dépôts d'eau douce ou marins (calcaires, marnes, grès, sables et poudingues) représentés sur la carte géologique de la France par une teinte violet clair accompagnée de la lettre *m*, et qui entourent à l'E., au N. et à l'O. les sédiments tertiaires plus anciens et secondaires. Sur le versant occidental de la Clape ils recouvrent à stratification concordante les couches néocomiennes et en partagent l'inclinaison et les divers accidents. Sur le bord oriental de la chaîne de Fontfroide, ils s'appuient directement aussi sur les roches secondaires avec une inclinaison au N. ou au N. O. (collines de la Coupe et des fours à chaux), tandis que dans le voisinage de la côte l'inclinaison plus faible est à l'E. (Bages, le Lac, Sigean).

A droite de la route de Narbonne à Lézignan les couches des collines de la mollasse, situées au delà des montagnes secondaires plongent au N. un peu O. De Lézignan à Conilhac et Mous les collines sont allongées de l'E. à l'O., et les strates qui plongent aussi au N. sont d'autant plus relevés, qu'ils sont plus rapprochés de la base du mont Alaric ; au delà la partie inférieure de ce groupe se sépare difficilement de l'étage nummulitique supérieur lorsqu'on suit vers l'O. les deux séries jusqu'à Carcassonne. La mollasse grise sans fossile est encore bien développée si l'on remonte la vallée de l'Aude de cette ville à Limoux. Les poudingues y sont subordonnés autour de Rouffiac, et l'inclinaison est fréquemment de 10° à 12° au S.-O. Après Limoux les couches plongent au N. de 15° à 16°, et, sur la rive gauche de l'Aude, après la Chapelle de-Brasse, elles reposent, à stratification parfaitement concordante sur le groupe nummulitique, comme à l'O. de la Clape elles recouvraient le groupe néocomien.

Groupe nummulitique. Ce groupe se divise en trois étages caractérisés par la présence des Nummulites, mais composés de roches très différentes. Le premier et le second s'accompagnant le plus ordinairement par une plus grande analogie de leurs roches, nous ne parlerons de leurs accidents stratigraphiques qu'en traitant du second.

L'*étage supérieur* comprend des calcaires jaunes ou gris, des marnes et des grès brunâtres ou jaunâtres, avec *Nummulites* (côte de la Borde Rouge, près La Grasse, Tournissan, moulins de Jonquières, rive gauche du Rabe de Coustouges à Parazols, métairies de Cabagniol, de Montmigea, de Montplaisir). Entre le pied nord du mont Alaric et la route de Lézignan à Carcassonne, à partir des environs de Comingue, cet étage serait sans fossiles, beaucoup plus puissant qu'à l'E., et composé d'alternances de psammites gris, rouges et panachés, de marnes rouges, grises ou jaunes, de grès à gros grains ou à grains fins, de poudingues et de calcaires gris-bleuâtres très durs. Ces diverses assises, alternativement meubles ou solides, forment une série de crêtes dentelées, discontinues, parallèles, ou d'écailles alignées qui, suivant le bas du mont Alaric, plongent constamment vers la montagne ou au S., sous un angle variant d'abord de 15° à 35°, et atteignant jusqu'à 75° dans son voisinage immédiat, à la hauteur de Capendù et de Barbaira. Le plongement redevient normal autour de l'extrémité occidentale du mont Alaric; et si l'on suit la limite inférieure de la mollasse de ce point aux environs de Vendemies, au sud de Limoux, cet étage se trouve réduit près de Salles et de la Chapelle-de-Brasse à des assises de grès gris à gros grains, auxquels succèdent un grès gris à grains fins, très dur, un calcaire grossier jaunâtre et un calcaire gris marneux avec *Nummulites Ramondi*, *Leymeriei*, *biaritzensis*, etc., reposant sur le second étage. Au delà de Couiza, le premier est encore représenté par des grès gris-jaunâtres, des psammites et des poudingues constituant les collines de la rive gauche de l'Aude jusqu'à Esperaza et se prolongeant à l'O. vers Rouvenac.

Deuxième étage. Marnes bleues à Turritelles et calcaires gris marneux. Connue surtout par les fossiles qu'a décrits M. Leymerie, cette division, sous le nom de *marne de Couiza, d'Albas, de Coustouges, de la vallée du Rabe, de Ribaute*, etc., est en effet un bon horizon géologique, placé entre les roches précédentes si variées et celles qui le supportent qui ne le sont pas moins. Ce n'est pas ici le lieu d'expliquer certaines anomalies stratigraphiques de la vallée de l'Orbieu, au nord de La Grasse, et de quelques autres points situés, soit dans le voisinage du mont Alaric, soit près de Couiza, et auxquelles on a donné trop d'importance, au point de regarder ces marnes comme appartenant à un système tout à fait distinct des calcaires à Nummulites sous-jacents (3e étage). On peut dire seulement que, toujours concordants avec l'étage supérieur, ces marnes et ces calcaires marneux, dont l'épaisseur est de 100 mètres et même davantage, plongent à l'O., tout le long de la vallée du Rabe, qui coule dans une faille. Les *Nummulites biaritzensis*, *Leymeriei* et *Ramondi* (var. *minor*) en caractérisent la partie supérieure, la *Lucina corbarica* en caractérise la partie inférieure.

Dans la vallée perpendiculaire à celle-ci, et que suit le chemin de Fontjoncouze, les couches plongent au S. En face d'Espalys, au nord de Saint-Laurent. leur inclinaison est de 45 à 50° à l'E., et elles s'appuient contre les calcaires du 3e étage. En continuant à se rapprocher de Fabresan, elles plongent à l'O.-S.-O. Elles sont recoupées plusieurs fois par la route, le long de la grande côte de la Borde-Rouge, près de la Grasse ; elles constituent le fond de la vallée de l'Orbieu, à partir de Ribaute, forment partout les berges de la rivière et un grand escarpement au delà de Grafan, où elles plongent au S.-E. comme tout le groupe inférieur d'Alet, sous lequel on croirait qu'elles s'enfoncent. Quelques bancs d'Huîtres assez réguliers s'y montrent à l'exclusion des autres fossiles habituels. Ces couches affleurent peu sur les bords oriental et septentrional du mont Alaric ; mais autour de sa partie occidentale elles constituent les pentes rapides du grand fossé qui suit le pied de la montagne, et au sud de Pradelles une faille les a portées à un niveau très élevé pour constituer le plateau allongé de Montlaur à Comelles où l'inclinaison est toujours au S. Elles n'en restent pas moins en contact avec les calcaires du troisième étage soulevés comme eux au mont Alaric.

De même que les autres divisions du groupe, celle-ci est assez réduite sur les bords de l'Aude, entre la mollasse de Limoux et le terrain de transition de Saint-Salvaire ; mais elle se montre de nouveau bien développée en face de Couiza, sur la rive gauche de l'Aude, et à l'est en remontant la Salse jusqu'au moulin de Coustaussa. Le plongement, qui est S. à la jonction des deux rivières, devient ensuite N.-O. comme celui des calcaires de Coustaussa. Elles existent également en face, le long du chemin qui monte à Rennes.

Troisième étage. La partie inférieure du groupe nummulitique est essentiellement calcaire et supporte les marnes bleues et les calcaires marneux précédents. On l'observe rarement dans les montagnes de la Grasse. A l'exception des couches les plus basses qu'on pourrait encore y rapporter, telles que celles qui sont remplies de Milliolites, et les calcaires sur lesquels reposent à Ribaute les marnes de la vallée de l'Orbieu, les autres paraissent être plus anciennes, du moins n'ont elles point offert de Nummulites, d'Alvéolines ni les autres fossiles de cet horizon. Les roches grises, marneuses et arénacées avec *Nummulites planulata* et *Neritina Schmideliana* qui bordent le cours du Rabe au-dessous du pont de Saint-Laurent, semblent au contraire en faire partie, de même que ceux contre lesquels s'appuient les marnes bleues d'Espalays au nord de ce village.

Ces calcaires, d'un blanc-grisâtre, plus ou moins foncé ou clair, compactes, très durs et peu altérables, constituent le revêtement extérieur de la voûte du mont Alaric, partout où ce revêtement existe dans son intégrité. Ainsi, on peut les observer au pied de l'extrémité orientale de son versant nord, derrière le four à chaux d'Alaric, où ils renferment des *Nummulites*, des *Alveolina*, des Milliolites, des pinces de crustacés, etc. A la combe de Saint Jean, au sud de Barbaira, ils succèdent immédiatement aux marnes bleues de la vallée extérieure, et ils ont une puissance de 28 à 30 mètres. Le premier banc est caractérisé par la *Nummulites planulata*, et les suivants sont remplis de *Nummulites Ramondi* avec *Ostrea gigantea*, *Neritina Schmideliana*, *Conoclypeus conoideus*, etc. A l'extrémité occidentale de la montagne, près de Monze, où la voûte s'abaisse, les mêmes bancs occupent encore tout le plan incliné, qui disparaît sous le vaste escarpement elliptique des marnes bleues. Toute la pente méridionale de la montagne et le sommet de la voûte elle-même au-dessus de Pradelles en sont également formés, et ils y renferment les mêmes fossiles caractéristiques. Mais plus au sud ils semblent sortir rarement de dessous les assises plus récentes.

Cet étage s'appuie, à stratification discordante, contre le terrain de transition à l'entrée de la gorge que suit l'Aude, un peu au-dessus de Peroulìès, le long de la route de Limoux à Alet. Là où manque le groupe tertiaire inférieur les calcaires en plaquettes avec Milliolites du plateau supérieur de la Canne et de Cou-sergue à l'ouest d'Alet, les calcaires blancs et bleuâtres également avec Milliolites de la butte du four à chaux de Luc, les assises calcaires gris bleuâtres qui plongent au S. recouvrant les argiles rouges des deux rives de l'Aude à Couiza, comme celles qui plongeant au N. portent le village de Coustaussa et renferment des marnes gypseuses, représentent la partie inférieure du groupe nummulitique et reposent partout sur la première assise de marne rouge. Enfin le rocher isolé qui porte le village de Rennes et d'où la vue embrasse un panorama géologique d'un si vif intérêt, est encore un calcaire à Milliolites reposant sur des marnes grises gypsifères, supportées à leur tour par les premières marnes rouges.

Groupe d'Alet. Les montagnes escarpées qui bordent la rive gauche de l'Aude, entre Alet et la Pujade, présentent, dans leur hauteur, trois assises de marnes rouge lie de vin, de 12 à 15 mètres d'épaisseur. La plus élevée, qui supporte les couches à Milliolites, est séparée de la seconde par des roches grisâtres, calcarifères de 25 à 30 mètres ; la seconde l'est de la troisième par une assise de calcaire blanc compacte, d'environ 20 mètres et reposant sur une assise de poudingue à ciment quartzeux ; enfin, au-dessous de la troisième règne une puissante assise de grès bruns, jaunâtres ou rougeâtres, panachés, blancs ou gris, solides ou meubles, d'un grain de grosseur variable qui forme à la fois la base du groupe et celle de tout le terrain tertiaire inférieur de ce pays.

En réunissant à chaque assise rouge l'assise calcaire ou arénacée sous-jacente, on a pour les environs d'Alet trois étages plongeant de 15° à 18° au S.-O., assez bien caractérisés par leurs roches qui, avec la stratification, sont les seules ressources qui puissent guider l'observateur dans toute cette série, où la rareté des fossiles le prive des autres moyens de classification. Cette composition du groupe, aux environs d'Alet, est prise pour type à cause de sa netteté et de la facilité avec laquelle on peut l'observer ; mais elle est rarement aussi complète, même dans cette région, et d'ailleurs ses caractères changent sensiblement, par la prédominance d'un de ses éléments pétrographiques aux dépens des autres.

Le groupe inférieur se montre tel que nous venons de le caractériser, ou à très peu près, dans la partie du bassin de l'Aude comprise entre Alet et Quillan, s'étendant à l'est d'une part jusqu'au delà d'Arques et de Véraza, entre la Rialsesse et la Valette, de l'autre sur les territoires de Granes, de Rennes et de Jandou. C'est la grande assise inférieure des grès qui couronne les marnes bleues crétacées des environs des Bains de Rennes, et qui, par son aspect ruiniforme, imprime au paysage un caractère particulier. A l'ouest on peut la suivre par Brenac et Nebias jusqu'à Bellesta et au delà.

Dans la montagne d'Alaric, dont il constitue la plus grande partie ou le noyau, le groupe est plus essentiellement calcaire, comme on peut en juger par les brisures de sa partie orientale, brisures qui ont amené au jour le terrain de transition sur lequel il repose, sans l'interposition d'aucune roche secondaire. Les calcaires dominent aussi dans les montagnes qui environnent la Grasse ; les assises sont plus nombreuses et plus variées vers le haut ; on y observe un banc d'Huîtres et une assise gris-noirâtre passant à la lumachelle, connue sous le nom de *marbre de Ribaute*. Les marnes s'y atténuent, et dans l'étage inférieur les grès rouges ou bruns et les marnes rouges passant à des psammites y prennent un très grand développement. Comme dans la chaîne d'Alaric les poudingues y sont à peine représentés.

Plus au sud, la vallée de l'Orbieu et celles de ses affluents sont creusées dans des assises presque exclusivement composées de cette dernière roche, alternant avec quelques bancs de grès ou de marne. Autour de Saint-Pierre-des-Champs, de Saint-Martin-du-Puits, de Bourjalou, de Blanes, etc., des poudingues, supérieurs au groupe nummulitique précédent, mais s'y rattachant par la base, atteignent une épaisseur de plus de 200 mètres, inclinant généralement de 15° à 20° au N.-O. Ils reposent directement à stratification discordante sur les schistes de transition; mais quelquefois un calcaire compacte rose se trouve interposé, et représente le groupe d'Alet qui, sans doute, se prolonge encore vers l'E., car l'escarpement pittoresque de l'ermitage de Saint-Victor, qui domine la rive gauche de la Berre à l'ouest de Gléon, semble encore en faire partie.

FORMATION CRÉTACÉE. Pour la commodité du langage on peut désigner sous le nom de *formation crétacée supérieure* l'ensemble des deux *groupes de la craie blanche* et de la *craie tuffeau*, et sous celui de *formation crétacée inférieure* les *groupes du gault* et *néocomien*.

Groupes supérieurs. Les dépôts crétacés supérieurs ne nous sont encore bien connus que dans deux parties de la région des Corbières, sur le versant occidental de la chaîne de Fontfroide et dans les montagnes qui s'étendent des Bains de Rennes à Soulatge et au-delà. Entre Saint-Martin et Saint-Pierre, à gauche de la route de Narbonne à la Grasse, un système de couches d'environ 350 mètres d'épaisseur est composé de grès bruns ferrugineux, de psammites gris et rouges et de calcaires gris ou blanchâtres remplis de Sphérulites et d'Hippurites. Ce système plonge de 30° à 35° au N.-E., en s'appuyant contre les calcaires néocomiens. La répétition des calcaires à rudistes qui alternent jusqu'à neuf fois avec les grès ou psammites dans le vallon même de Fontfroide, est un exemple remarquable de la récurrence et de la persistance de certains types organiques sur un même point pendant un long espace de temps. Cette série constitue aussi la colline du château de Saint-Martin où, sous les couches à rudistes, un psammite gris brun est pétri de fossiles (*Cerithium* très voisin du *C. Lujani*, *Pecten Dujardini*, Modiole, Tigonie, Huître, etc.).

Dans la partie occidentale de la petite région désignée sous le nom de *Montagnes des Bains de Rennes, de Sougraigne et de Soulatge*, nous avions déjà caractérisé et décrit ailleurs (1) quatre étages distincts, correspondant à ceux établis par nous dans le sud-ouest de la France et dans le bassin de la Loire. Ils sont ici compris entre le massif de transition de Mouthoumet au nord, les grès de la base du groupe d'Alet au sud-ouest, et le groupe néocomien au sud et à l'est. En étendant les observations à tout le bassin, nous avons trouvé que le plus récent de ces quatre étages, celui des *marnes bleues* du moulin Tifau, remonte dans la vallée de Sougraigne et occupe tous ses talus inférieurs, où il est dérangé par plusieurs failles. Il forme aussi la partie supérieure de l'escarpement au nord-ouest du village.

Le second étage, le plus important de cette série, se divise en plusieurs assises très distinctes, mais dont quelques-unes ne sont qu'accidentellement développées, ou bien présentent des caractères très variables. Un premier niveau de rudistes (Sphérulites et Hippurites) succède aux marnes bleues dans la coupe de Sougraigne, et c'est à cette assise qu'appartiendrait le gisement de la *montagne des Cornes*, si connu des collecteurs de fossiles, et qu'on retrouve à Linas sur le chemin de Bugarach aux sources salées. Puis viennent des couches particulièrement remplies de polypiers, paraissant avoir formé des récifs (Sougraignes, métairie de Linas), des calcaires gris, compactes, durs et noduleux, et des calcaires gris ou jaunâtres caractérisés par une grande abondance d'échinodermes (*Micraster brevis*, *M. distinctus*, *M. Matheroni*, *Echinocorys ovata* avec le *Spondylus spinosus*, le *Pecten quadricostatus* et la *Cyprina Boissyi*. Ces assises se suivent constamment depuis la rive gauche de la Sals en face de Lesclapiers, le long de la route des Bains à Couiza, où la formation crétacée supérieure commence à affleurer à l'ouest, jusqu'au-delà de Soulatge à l'est constituant au sud tout le fond de la vallée de Bugarach, et venant buter, avec un plongement constamment au S., contre les rides néocomiennes qui limitent la vallée dans cette direction.

Elle constitue encore, par places, la base de la formation, à la limite du terrain de transition, de Montferran aux Peyranus. Le

(1) *Coupe géologique des environs des Bains de Rennes* (*Aude*) *suivie de la description de quelques fossiles de cette localité* (*Bull. soc. géol. de France*, 2e série, vol. XI, p. 185-230, pl. 1-6, 1854).

second niveau de rudistes s'observe aux Bains de Rennes, dans la colline de Sougraigne, entre Linas et le col de Capela, aux Peyranus, etc., et les calcaires sousjacents, en bancs épais, qui occupent le lit et les berges de la Sals au-dessous des Bains de Rennes forment les arceaux de la belle voûte semi-circulaire de Laferrière, à trois kilomètres au-dessus de cet établissement.

L'étage inférieur, caractérisé par l'*Exogyra columba* n'a pas encore été observé ailleurs qu'au contact du terrain de transition au sud des *Bains doux*, des deux côtés de la rivière; mais à l'est, au *pas de Capela*, sur le chemin de Linas aux sources salées, on trouve une roche exclusivement composée d'*Orbitolites concava* identique avec celle de Brilon (Sarthe). Cette roche est ici un représentant d'autant plus certain du 4e étage, que les calcaires néocomiens à Caprotines forment l'escarpement immédiatement au-dessous. Des fragments d'Ichthyosarcolites, trouvés aux environs de Fourtou, pourraient y faire soupçonner l'existence de ce même étage.

Au contact du terrain de transition, on observe fréquemment, de Montferran à Fourtou, des grès plus ou moins ferrugineux, passant à des poudingues à petits grains. Les sables qui les accompagnent sont très développés autour de Fourtou. Sur toute cette limite nord de la formation crétacée, son inclinaison au S. est souvent de 22 à 25°. Autour de Clamens et des Clausses ces grès, qui forment ici la ligne de partage de deux petits cours d'eau, avec les calcaires gris noduleux et les calcaires à échinodermes qui les surmontent, plongent presque circulairement vers le fond de la vallée. Ils ont une grande ressemblance avec ceux de la base du groupe d'Alet situés à peu de distance vers l'ouest, de sorte que la formation crétacée supérieure se trouve comprise, des Bains de Rennes à Fourtou, entre deux étages de grès sans fossiles qu'il serait très facile de confondre par leurs caractères pétrographiques seuls.

Groupe néocomien. A l'exception de quelques couches argileuses et arénacées, noirâtres, avec des débris de bois charbonneux placés entre les bancs à *Orbitolites concava* et les calcaires à Caprotines, au-dessus des sources salées de Sougraigne, on ne voit rien qui rappelle le groupe du gault, ni les marnes à Plicatules d'Apt. Mais le deuxième et le troisième étages néocomiens occupent à eux seuls presque la moitié de la surface indiquée ci-dessus. On peut les décrire simultanément en les considérant dans les différents massifs montagneux qu'ils constituent plus ou moins complétement, mais auxquels ils communiquent toujours des formes particulières et des caractères physiques qui permettent de les reconnaître de fort loin.

Excepté sur leur versant occidental, à partir d'une ligne tirée de la Ricardelle à Fleury, les montagnes de la Clape sont formées par les deux étages néocomiens. Les parties élevées appartiennent aux calcaires à Caprotines, les pentes et le fond des vallées à l'étage inférieur. Les calcaires à Caprotines constituent une sorte de revêtement de 18 à 20 mètres d'épaisseur, fendillé, coupé carrément ou terminant la partie supérieure des vallées par des murailles quelquefois surplombantes. Ils ne forment qu'une assise continue de calcaire compacte, gris plus ou moins foncé, de caractères très uniformes et plongeant généralement à l'O.

L'étage inférieur présente trois assises assez ordinairement distinctes : l'une, qui supporte les calcaires précédents, comprend des calcaires marneux jaunes, peu solides, dont l épaisseur ne dépasse pas 5 à 6 mètres (île de Saint-Martin, cimetière de Gruissan, col du Capitoul, Albigarou au sud, et Saint-Pierre-de-Mer au nord). La seconde assise, d'environ 50 mètres, est composée de calcaires gris, schistoïdes, ou se délitant en plaquettes, assez durs, remplis d'*Orbitolina conoidea*. Enfin l'assise inférieure, d'une puissance à peu près égale, est formée de marnes grises, schistoïdes avec de nombreux lits subordonnés de nodules endurcis de calcaire marneux, très tenace, de teinte grise plus ou moins foncée. Ces trois assises sont parfaitement concordantes entre elles et avec les calcaires à Caprotines qui les surmontent. Par suite de l'inclinaison générale à l'O., elles forment à elles seules les collines qui longent la côte au nord de Gruissan (Eldepal, Quaintaine, Saint-Aubres, etc.). Les fossiles les plus répandus dans l'assise inférieure sont l'*Orbitolina conoidea* et l'*Exogyra sinuata* type qui atteint des dimensions énormes. Puis les *Echinospatagus cordiformis* et *gibbus*, la *Panopæa Carteroni*, la *Pholadomya elongata*, la *Corbis cordiformis*, la *Plicatula placunæa*, la *Terebratula biplicata* var. *acuta*, etc. Si les céphalopodes sont rares dans ces couches, les acéphales et les gastéropodes y atteignent des dimensions tout à fait exceptionnelles.

Les deux étages néocomiens conservent une identité parfaite dans leurs caractères sur tous les points de la Clape et des îles qui en dépendent ; mais par suite de la différence des roches qui les composent et selon la région où on les observe, ils n'ont pas été partout affectés de la même manière par des dislocations ; ainsi la partie nord du massif a été beaucoup moins dérangée que la partie sud.

Les relations des dépôts tertiaires des parties ouest et nord-ouest montrent qu'ils ont été soulevés en mêmetemps et par la même cause. Les failles principales, dirigées N.-N.-E., S.-S.-O., et d'autres plus locales sont postérieures à ces mêmes dépôts, qui nulle part, en effet, n'ont pénétré dans les vallées qu'elles ont déterminées. Le bombement général de ce massif peut être contemporain de ces failles, et ces divers phénomènes sont ainsi postérieurs aux poudingues, aux marnes et aux calcaires de la mollasse redressés partout et plongeant sous les dépôts quaternaires de la plaine de Narbonne.

Le groupe néocomien constitue également la plus grande partie de la chaîne de Fontfroide. L'étage à Caprotines y est représenté par des calcaires noirs ou gris foncé, compactes, à cassure conchoïde ou esquilleuse, durs à grain très fin, traversés par des veinules de calcaire spathique et sans fossiles ; quelquefois ils sont dolomitiques. Ils se montrent non-seulement dans le massif principal, mais forment encore ces petits chaînons arides et rocheux qui bordent les routes de la Grasse et de Lézignan autour de Montredon. On peut reconnaître dans le centre de la chaîne, et particulièrement au nord-ouest de l'abbaye, une série correspondante à celle de la Clape ; mais les divisions y sont moins nettement tracées, les fossiles y sont peu nombreux et les dislocations plus fréquentes et plus compliquées. Le plateau supérieur de la Quille est occupé par des grès inclinés au S.-E. et se prolongeant au S.-O. par les bois de Fontfroide. La petite chaîne de Boutenac, à l'ouest, appartient encore au même système de couches. Toute la partie orientale de la chaîne de Montpézat et ses ramifications au-delà de Roquefort et vers la Palme montrent toujours les calcaires du second étage avec les mêmes caractères que dans la Clape, recouvrant des calcaires jaunes marneux de l'étage inférieur. A sa base, sur tout le versant occidental de la chaîne du côté de Fraisse, règne le lias supérieur, caractérisé par le *Pecten æquivalvis*, des Térébratules lisses communes à Tuchan, l'*Ammonites bifrons*, etc.

Plus au sud les calcaires à Caprotines constituent les sommités de la chaîne transverse de Perillous, le rameau sud-ouest de Tautavel et tout le grand plan incliné d'Opouls et de Fitou dont le plongement au S.-E. est constant. Il en est de même des autres rameaux situés plus à l'ouest qui, partant du col de Ladat, descendent au S.-O., compris entre les méandres du Verdouble et la rivière de Mauri. Au pied du château d'Opouls, l'étage inférieur, relevé par une faille, présente encore les mêmes caractères pétrographiques et paléontologiques que précédemment ; mais autour de la plaine qui s'étend à l'ouest et au sud jusqu'à Castel Viel, il affecte des teintes rougeâtres particulières. Au contraire, dans les vallées du Verdouble, de la Mauri, de l'Agly et de la Boulsanne, comme dans le bassin de Quillan et dans tous les affleurements situés au nord de la chaîne de Saint-Antoine de Galamus, le même étage se compose de schistes et de calcaires impurs brunâtres ou noirâtres, d'un aspect qui rappelle celui de roches fort anciennes, puis de grès subordonnés, bruns ou noirâtres. Cet étage inférieur forme les premières collines basses à partir de Peyrestortes au sud de Rivesaltes, et bientôt est recouvert dans le chaînon Notre-Dame des Pennes, par les calcaires gris foncé du second étage qui s'abaissent vers Estagel. Ceux-ci près de la ville sont blancs, saccharoïdes, légèrement teintés de rose avec des brèches de même couleur, et des calcaires gris-bleuâtre aussi cristallins. Les uns et les autres employés comme marbre, plongent de 18 à 20 degrés au S.-E.

L'uniformité des caractères et la grande épaisseur de ces deux étages néocomiens se maintiennent dans tous les accidents orographiques qu'on observe entre ce point et les montagnes qui entourent le bassin de Quillan. La vallée de la Mauri, la ligne de partage qui la sépare de l'Agly, la vallée de Saint-Paul et la belle plaine ondulée de Caudiès, si heureusement encadrée par les crêtes calcaires dentelées de Saint-Antoine et d'Ayguebonne, accusent partout la présence de l'étage inférieur, par la teinte noire du sol dépourvu de dépôts quaternaires, par les affleurements des schistes foncés et des calcaires subordonnés, comme par les formes toujours mollement arrondies des coteaux.

Au sud de la chaîne de Lesquerde le groupe néocomien repose sur le granite ou sur le terrain de transition. Au nord les rides parallèles de Saint-Antoine sont encore formées de calcaires à Caprotines qui deviennent dolomitiques dans le massif du pic de Bugarach comme sur d'autres points, et sont séparées par les pentes adoucies des roches noires de l'étage inférieur. La plus septentrionale de ces rides calcaires domine le vallon des sources salées de Sougraigne qui s'échappent de la base des marnes inférieures, où se trouve subordonné du gypse blanc, rouge et gris verdâtre, accompagné d'argile de teintes également variées et probablement aussi de sel.

Ce que l'on a dit précédemment de l'orographie des environs de Quillan suffit pour en faire comprendre actuellement la composition géologique. Fermé au sud-ouest et au nord par de hautes montagnes de calcaires à Caprotines, tout l'intérieur du bassin et son côté oriental appartiennent exclusivement à l'étage inférieur caractérisé par l'*Exogyra sinuata*. Au sud des gorges de Pierre-Lis, jusqu'à Axat et même au delà, ce sont des alternances des deux étages, dont les couches, coupées à angle droit par la vallée de l'Aude, constituent le sol si accidenté du pays.

A huit lieues au sud de la zone crétacée méridionale dont nous venons de parler, M. Dufrénoy avait observé, sur la rive droite du Tech, un îlot crétacé, allongé de l'E. à l'O., compris entre les roches cristallines des bains d'Arles et le terrain de transition environnant. Cet îlot, de moins d'une lieue de long sur un tiers à peu près de large, comprend les deux étages néocomiens inférieurs surmontés de marnes jaunes, de grès, de poudingues et de calcaires à rudistes (*Hippurites organisans*, *H. cornu vaccinium*, *Spherulites ponsiana*), plongeant au N.-E. et représentant ainsi une partie des assises des montagnes de Sougraigne et de Fontfroide.

Nous traiterons ultérieurement des dépôts jurassiques, des terrains de transition et primaire, puis des roches ignées, des roches métamorphiques ou accidentelles de cette même région des Corbières, ainsi que des considérations théoriques sur les rapports des principales chaînes avec les directions de soulèvement indiquées par M. Élie de Beaumont, par M. Durocher et par M. Raulin.

Nous terminerons cet exposé succint de notre travail en faisant observer qu'un caractère remarquable commun aux dépôts dont nous avons parlé, quelle que soit l'époque à laquelle ils appartiennent, est la présence de poudingues, solides ou incohérents. Ainsi, ces roches constituent presque à elles seules le terrain quaternaire de la vallée de l'Aude et de la plaine de Narbonne; on en observe à la base de la mollasse et à divers niveaux dans l'épaisseur de ce groupe; elles prennent même une puissance énorme au nord du massif de Monthoumet; elles sont très développées dans le premier étage nummulitique, au nord du mont Alaric et sur d'autres points. Les poudingues sont un des éléments du groupe d'Alet, ils se montrent dans la formation crétacée supérieure, au-dessous du second niveau de Rudistes, et l'étage des calcaires à Caprotines renferme souvent des brèches très puissantes. Si maintenant on compare à ces dépôts tertiaires et secondaires ceux du même âge dans le sud-ouest, dans le centre et le nord de la France, en Belgique, en Angleterre, etc., on n'y voit nulle part un développement aussi constant de roches clastiques. Cette circonstance est parfaitement d'accord avec ce qu'apprennent les caractères stratigraphiques et la distribution irrégulière des roches sédimentaires des Corbières, savoir, la très grande fréquence, à toutes les époques, de dislocations et de perturbations qui ont affecté le relief du pays et interrompu la succession régulière des phénomènes sédimentaires, telle qu'elle avait lieu dans les régions qui viennent d'être rappelées.

Une dernière observation sur laquelle nous insisterons est l'utilité que l'on peut tirer dans la pratique de la *cassure stratigraphique*, expression par laquelle nous désignons l'angle ou les angles déterminés par la brisure de tout un système de couche (étage ou groupe). Cette brisure présente en effet dans sa forme des caractères toujours en rapport avec ceux des roches qui constituent une série de couches, comme avec leur degré d'inclinaison, et si l'on ajoute à cette première indication la détermination de la teinte générale de cette même série, on a un double moyen empirique pour déterminer, même à une grande distance, quel est l'étage ou le groupe que l'on a sous les yeux. La détermination préalable de ces caractères est d'autant plus importante que la continuité originaire des couches a été plus troublée, que ces couches peuvent se montrer à différents niveaux, ou se répètent par suite de failles ou de plissements. Aussi nous sommes nous attaché à caractériser et à représenter par des profils la cassure stratigraphique propre à chacune des divisions de la carte géologique des Corbières.

www.ingramcontent.com/pod-product-compliance
Ingram Content Group UK Ltd.
Pitfield, Milton Keynes, MK11 3LW, UK
UKHW021030260726
13994UKWH00005B/2051

9 782329 454382